科学在你身

KEXUEZAINISHENBIAN

水

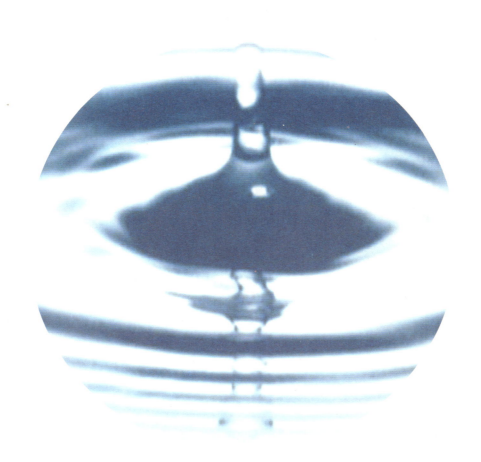

北方妇女儿童出版社

前　言

　　水是生命之源，我们的生活离不开水。

　　当我们拧开水龙头，干净的水会哗哗哗地流出来。当我们口渴、做饭、洗东西、浇种植物和冲洗卫生间时都需要用到水。不论是船只的载运，还是冬天暖气的输送，以至发电厂的运转，也都离不开水。

　　人体细胞是在水的帮助下运作的，所以说我们身体内几乎全是水。我们的血液就含有大量的水，我们呼出去的气体也是水汽。当我们出汗过多，机体会因失水而致病，就必须补充水，严重时医生会给患者注射生理盐水。

　　水无处不在，地球四分之三的面积都被水覆盖着。海洋中的水占整个地球总水量的十分之九多，剩下不到十分之一的水绝大部分冰封在南极大陆和北冰洋，河流里只是其中很小的一部分。

　　水太多或者过少都会引起灾难，所以我们应该学习如何治理河流、如何净化水质以及如何节约用水。翻开这本书，探索奇妙的水的世界，你将会了解到有关水的一切奥秘。

目　录
MULU

水的世界

在我们生活的地球上,水随处可见,我们每天要喝足够的水,要用水来做饭、洗衣服,除此之外,水还有许多重要的作用,可以说水就是生命的源泉。如果没有水,地球上所有生命都将无法生存。

水的传说

在很久以前,人们就知道地面上的水是从天上来的,但是天上的水是从哪里来的,没有人知道答案,由此产生了许多传说。在希腊神话里,宇宙之神宙斯也是雨神,他把水从宇宙中带来,降到地面上。

↑ 一个氧原子和两个氢原子组成一个水分子。

科学家眼里的水

科学家经过长时间的研究和思考,发现了许多关于水的秘密。现在我们知道水是由两种元素构成的,也就是说一个水分子由一个氧原子和两个氢原子组成。

自然界的水

自然界中存在大量的水,我们日常生活所需的水都是从河流、湖泊和地下水来的。在大海里,水更是多得惊人,但遗憾的是海水不能直接供我们使用。

咸水

有一些水中溶解了大量的其他物质，这样的水味道又苦又涩，它被称为咸水。地球上的水绝大部分是咸水。咸水不仅动物不喜欢喝，而且陆地上的大部分植物也不喜欢，但是人们把咸水处理过后，就可以饮用了。

⬆ 青海湖是我国最大的内陆咸水湖。在一望无际的湖面上，雪山倒映，碧波粼粼，是动物们栖身的理想之地。

淡水

我们平时饮用的水是干净的淡水，淡水并不是不含其他物质，只是所含的物质比咸水少得多，因此几乎没有什么味道。淡水是陆地生命需要的水源，像湖泊、河流和地下水都是淡水。

苏比利尔湖　休伦湖　伊利湖　安大略湖

密歇根湖

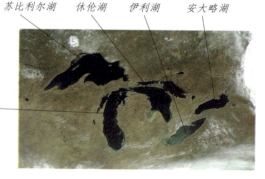

⬆ 在北美洲的美国、加拿大两国交界处，自西向东分布着苏比利尔湖、密歇根湖、休伦湖、伊利湖和安大略湖等，这五大湖连在一起，是世界上最大的淡水湖群，有"北美大陆的地中海"之称。

⬆ 淡水湖群中的苏比利尔湖

硬水和软水

水也有软硬之分，主要是看水含镁和钙的多少。镁和钙的含量多，就称为硬水，例如，泉水、水库水和溪水一般都是硬水。软水中也有镁和钙，但是含量很少，比如雪水和雨水就是软水。

无处不在的水

水在我们的生活中无处不在，地球四分之三的面积都被水覆盖着。另外，除了我们肉眼能看见的水，还有许多我们肉眼看不见的水，比如，人体体重百分之七十以上都是水。

地球上的水分布

地球的 70% 都是水，地表有江河海洋，南北极覆盖着水结成的冰山，地表底下还有储存量丰富的地下水，连包围地球的空中，也都是水分子组成的大气层。地球上 98% 的水是咸水，主要分布在海洋中。淡水只占地球总水量的 2%，也不能全部为人类所利用。

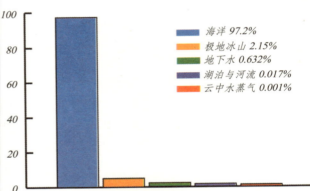

海洋 97.2%
极地冰山 2.15%
地下水 0.632%
湖泊与河流 0.017%
云中水蒸气 0.001%

↑ 地球上水量的分布大致是海洋占 97.2%，极地冰山占 2.15%，地下水占 0.632%，湖泊与河流占 0.017%，云中水蒸气占 0.001%。

南北极的水

目前，全世界的淡水资源不到总水量的 3%，而且其中一大半被冻结在南极和北极的冰盖中，这些淡水资源无法被人类利用。

⬇ 在南极大陆的冰架上，或在南大洋的冰山和浮冰上，人们可以看到成群结队的企鹅聚集的盛况。

热带森林里的水

热带森林一年四季高温多雨,为动植物的生长繁衍创造了十分有利的条件,充沛的降雨可以为陆地及时补充淡水,而热带森林又可以调节全球大气中的氧气和二氧化碳的含量,因此这里的水有着非常重要的作用。

沙漠中的植物仙人球

沙漠中的水

沙漠地区气候干燥,常年都不下雨,因此地表十分干旱,生物难以生存,但是在地表深处可以积攒一些水分,沙漠中的植物就是靠这些水生存的。常见的沙漠植物一般都是耐干旱植物,如仙人掌。

土壤里的水

土壤疏松多孔,其中布满了大大小小蜂窝状的孔隙。这些孔隙中贮藏有大量的水分,这些水分可以被植物直接吸收利用,同时,还能溶解和输送土壤养分,使植物正常生长。

➡ 湿润的土壤中含有大量的养分,保证了植物的生长。

生物体内的水

在生物体内也存在大量的水,因为水是生物体不能缺少的物质,生物体的一切生命活动都离不开水。生物水也是地球水源的一部分。

水从哪里来

水从哪里来？目前普遍的一种观点认为，水来自地球本身。地球从原始星云凝聚成行星时，内部释放出大量的氢气和氧气。此外，太阳发出的粒子流也给地球带来了氢气和氧气。这些气体通过化学反应，就形成了水。

无水的初生地球

地球刚刚诞生的时候，是一个流淌着酷热岩浆的大火球，它的表面温度足以熔化钢铁，水是绝对不会落到地面上的，只能以水蒸气的形式飘荡在地球周围。在地球冷却下来后，水开始液化，聚集到地球表面，形成河流、湖泊和海洋。

↑ 刚刚诞生的地球温度极高，表面没有液态水。

↑ 一些研究者认为坠落到地球上的彗星给地球带来了大量的水。

水源之谜

水在很早以前就出现在地球上了，比人类出现的历史要长得多，所以人类不知道水从何而来，古人就认为水是从天上来的，直到今天水的来源仍旧是一个谜团。一些研究者认为，地球上绝大部分的水来自宇宙空间中，在地球刚刚形成时，一些富含水的天体落到地球上，为地球带来了水。

水来自彗星吗

　　科学家发现彗星中绝大部分是水凝结成的冰，因此一些科学家以此为证据，提出一种解释水的来源的假说：地球上的水来自冰组成的彗星。如果地球上的水是彗星带来的，那么地球至少被十万颗与哈雷彗星大小相同的彗星撞击过。

水流的形成

　　地球表面的陆地并不平坦，总会有高山和峡谷，在地球引力的吸引下，地球表面的水会向着地势更低的地方流淌，于是就形成了大大小小的水流。

🔺 水总是从高处向低处流，形成了大大小小的溪流。

从地下到地面

　　下雨的时候，水会渗入地下，形成地下水，地下水又从地层里冒出来，形成泉水，经过小溪、江河汇入大海。地下水与人类的关系十分密切，井水和泉水是我们日常使用最多的地下水。

　　➡ 清冽的泉水是我们日常饮用的水

水的形态

在自然界中，由于不同的气候条件，水会以云、雾、雨、露、霜、雪、冰、水蒸气等各种形态出现，并影响气候和人类的活动。也就是说，水在自然界同时以液态、固态和气态三种形态存在。

0℃的水

在寒冷的冬天，当气温达到0℃时，淡水就会结一层薄薄的冰。水结冰时的温度叫做凝固点，即冰点。水的冰点和水中所含杂质有关，所以盐水在0℃不结冰。

液态水

液态水就是我们通常看见的水，在地球上，液态是水最常见的形态。处于液体状态下的水没有固定的形状，可以在重力的驱使下四处流动。

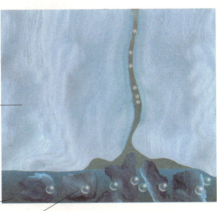

冰

水

0℃的水

⬆ 0℃的水是冰水混合物

⬇ 液态水是我们常见的水

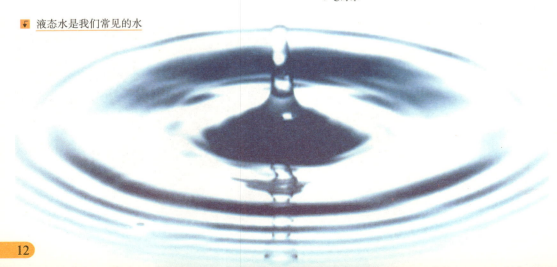

冰

冰就是固态的水。一般情况下，温度降到 0℃ 时水就会变成冰。但自然界中的水不是纯净的水，所以一般温度在 0℃ 以下河水才会结冰。

⬆ 水的温度降到 0℃ 以下就会结冰

沸腾的水

烧水的时候，当水温达到 100℃ 时，水就会"咕咕嘟嘟"沸腾起来。

膨胀

水在结冰时，体积会膨胀得很大，有时候，冰甚至会胀裂水缸或者从金属管中冒出来。由于水结冰时会产生胀力，所以，在冬季，汽车停驶时，司机都要放掉水箱中的水。

⬇ 水沸腾时会产生大量的水蒸气

◀ 水变成冰时，会从杯子口溢出来。

水蒸气

水蒸气是水的一种状态。水在常温下，会慢慢地变为水蒸气散发到空中，这种现象就叫蒸发。地上的水变成了水蒸气，这些水蒸气在天上形成了白云；如果水蒸气凝结成较大的水滴，水滴就会落下来形成雨。

⬇ 结冰时水分子的排列情况

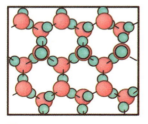
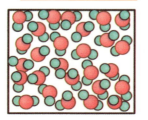

⬆ 液态时水分子的排列情况

热冰

在地球 30 光年外有颗奇异的行星——热冰。之所以奇异，是因为在这一星球的温度高达 300℃ 的表面上，水竟然呈固态。科学家将这一星球称为"热冰"行星。

水的性质

水同其他物质一样,受热时体积增大,密度减小。在正常大气压下,水结冰时,体积会增大,冰融化时,体积又会减小。水的传热性比其他液体小,在水面长期封冻时,河流深处可能仍然是液体,所以,在深深的海洋里有很多生物能够生存。

太空中水的形状

太空中水受到的重力为 0,所以太空中水的形状是球形。地球形成时属于高温气液态,跟水一样,由于自转和地壳运动等才形成现在的三轴椭球体形状。

地面上水的形状

地球上的水因为重力而不断改变形状,所以水没有永远不变的形状。

↳ 海浪是大海跳动的"脉搏",周而复始,永不停息。平静时,微波荡漾,浪花轻轻拍打着海岸;"发怒"时,波涛汹涌,巨浪击岸,浪花飞溅。

水的颜色

正常情况下，纯水是无色透明的液体。但当水中掺杂其他元素或环境改变时，就会呈现不同的颜色。比如，大海是蔚蓝色的，湖水是碧绿色的。

⬆ 在茫茫大海上，水是蔚蓝色的。

透明

水是无色透明的液体。所以，透过水，可以看见五彩缤纷的海洋生物。

水的密度

密度是物质的一种特性。常温时，水的密度大约为1克每立方厘米。对一般的物质而言，当温度上升时，体积膨胀，密度会变小。单位体积某种物质的质量，叫做这种物质的密度。

⬆ 因为水是无色透明的，所以潜水员在海底可以看到五颜六色的海底世界。

强大的溶剂

一种物质的分子均匀地分布在另一种液体物质里，叫做溶解。水是地球上最普遍的溶剂。它溶解矿物质和有机物，保证植物和微生物获得营养。

➡ 矿泉水中富含多种有益于人体健康的成分

水的用途

水是生命之源，动植物都离不开水。水是地球上人类和一切生物得以生存的物质基础。水可以用来饮用、做饭或洗澡；农业灌溉、养鱼场、发电以及救火都离不开水。很难想象，如果没有水，我们的生活将会变成什么样子。

重要的水

地球上如果没有水，工厂就不能进行正常生产，植物将会枯萎而死，人类也不能生存。没有水，地球上就不会有任何生物。

清洗

当我们的衣服穿了很久时，就需要用水洗掉衣服上滞留的污渍。这些污渍在水的冲刷下，被轻易地清洗掉了，穿在身上，感觉很清爽。

↑ 我们用水打上香皂洗手，可以保持卫生，防止病从口入。

↑ 水可以洗掉衣服上的污渍，使衣服看上去很洁净，穿在身上更清爽。

家畜用水

水不仅对人类生活生产起到了很重的作用，对家畜来说，也不可缺少。家畜离不开水，家畜用水占据着全球总供水量的一大部分。

灌溉农田

除了家畜用水,农田灌溉用水量也非常大。提高水的利用率,节约灌溉用水,是解决水资源危机一项不可替代的重要措施。

⬆ 在干旱季节灌溉农田,需要大量的水。

工业用水

在科技飞速发展的今天,工业用水量逐年递增。日前,欧洲和美国等一些工业发达国家,工业用水量占城市总用水量的比例非常大。为解决水资源不足的问题,工业用水成为许多国家节水的重点。

水对气候的影响

水对气候具有调节作用。大气中的水汽能阻挡地球辐射量的60%,保护地球使其不致冷却。海洋和陆地水体在夏季能吸收和积累热量,使气温不致过高;在冬季则能缓慢地释放热量,使气温不致过低。

水对地理的影响

地球表面的大部分被水覆盖,从空中来看,地球是个蓝色的星球。水侵蚀岩石土壤,冲淤河道,搬运泥沙,营造平原,改变地表形态。

⬇ 三江平原位于黑龙江、松花江、乌苏里江三江汇流处,是由于长期的构造下陷和三江的泥沙堆积而形成的低洼平坦的平原。

水的张力

水有各种各样有趣的现象,拿一枚硬币,滴一滴小水滴在上面,你会观察到什么? 硬币上有一颗圆球状的小水滴。为什么会是圆球状的呢? 这是因为水的表面张力使小水滴缩成球状。有时,杯子里的水满了,甚至呈弧形在杯口凸起,但水仍然没溢出来,这也是由于水的表面张力。

凸起的水面

由于水的表面张力,水滴总是尽量靠拢,使表面积缩小,所以看上去水滴的表面总是呈弧状凸起。我们常常可以看到,蜻蜓在水面上行走自如,就是利用了水的表面张力。

⬆ 由于水的表面张力,水滴总是表面缩成弧状凸起。

◀ 浮在水面上的回形针

小 实 验

拿一杯水,把回形针轻轻地放入杯子,回形针就会稳稳地浮在水面上。不信你可以试试看! 原来,回形针能浮在水面上,也是因为水的表面张力。

水黾

水生昆虫水黾被喻为"池塘中的溜冰者",因为它不仅能在水面上滑行,而且还会像溜冰运动员一样在水面上优雅地跳跃和玩耍。它的高明之处是利用水面张力,既不会划破水面,也不会浸湿自己的腿。

▲ 水黾

肥皂泡泡

在公园里,我们经常会看到小朋友玩吹肥皂泡泡的游戏,那一串串圆圆的肥皂泡,五颜六色,在阳光下飞舞,非常美丽。为什么肥皂泡都是球形的呢?原来,这也是因为水的表面张力,肥皂泡要收缩到最小,所以看上去圆圆的。

▲ 由于水的张力,肥皂泡要收缩到最小,所以会成为圆形。

水面张力的利用

认识、发现和利用水的表面张力非常有用。在生活中,最常见的例子就是洗涤:洗衣粉和香皂等洗涤用品可以降低水的表面张力,从而去除衣服上的污渍。雨伞也是通过改变表面张力,让雨水迅速形成水珠滚落,而不会浸入雨伞。

↵ 由于水的表面张力,清晨或雨后,草叶上就会出现晶莹剔透的圆球状露珠。

水的浮力

你听过水会"举重"吗？水的力气非常大，游泳的时候，你的身体不那么重了，这是因为水把你的身体"举"了起来；在小河边，放一只纸船，你会发现纸船会随河水漂流。这些现象都是水的浮力造成的。

阿基米德的故事

两千多年前，古希腊物理学家阿基米德在给国王辨别王冠的真假时，发现物体在水中获得的水的浮力正好等于物体所排开的水的重量，这就是著名的阿基米德定律。

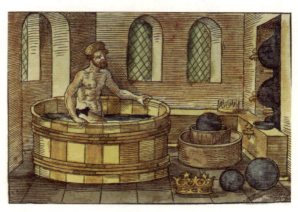

阿基米德在一次洗澡时发现了浮力定律

曹冲称象

你一定听过曹冲称象的故事吧？曹冲就是利用水的浮力，把大象赶到大船上，在水面所达到的地方做上记号，再用石头代替大象，然后称出石头的重量，最后得出大象的重量。

曹冲利用水的浮力，在船上划上记号，来称量大象的重量。

漂浮在水面上的王莲

漂浮和下沉

为什么某些又大又沉的东西，比如轮船可以在水上漂浮，而有些小东西却在水中下沉？这要取决于一个物体能向旁边排开多少水，也就是"排水量"是多少。如果物体能排开大量的水，并受到水的强大的向上的推力，这个推力就可以托住物体，使它漂浮。

⬆ 潜水员在利用海水的浮力进行工作

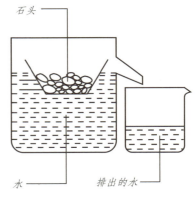

石头

水   排出的水

⬆ 物体在水中受到的浮力的大小等于它所排开的水的重量，即排水量。

海上的船

在宽阔的海面上，你会看到许多船只在水中行进。船之所以能够前进，是因为它从海水中获得了向上的推力，从而向旁边排开很多水。

➡ 海上的船之所以能前行，是因为它从水中获得向上的推力，排开了水。

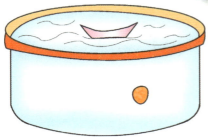

⬆ 小实验示意图。小纸船的排水量大于纸船本身的重量，因此浮在水面上，而小石头的重量超过了它的排水量，所以沉了下去。

小 实 验

找一块小石头，折一只纸船，拿一个放了水的直筒玻璃杯。把小石头和小纸船先后放进水里，你看见了什么？小石头是不是很快下沉了，而小纸船却轻轻地漂浮在水面上？想想看，这是什么原因。

水循环

> 自然界里的水，通过各个环节，在各种水体之间做永不停息的运动。海洋是地球上规模最大的水库，但是每一天都有大量的水跑到天空去，变成了云，然后变成雨回到地面形成河流。水这种周而复始的运动就是水循环。水循环使人类赖以生存的水资源不断得到更新、再生，并能持续利用。

水往低处流

水和其他的液体一样，有一定的体积，却没有一定的形状，所以具有流动性。水的流动和地球引力有关，在地球引力的作用下，水从比较高的地方流向比较低的地方。

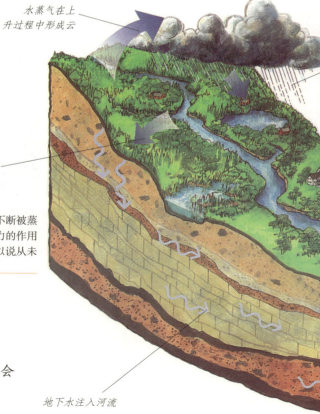

水蒸气在上升过程中形成云

雨水渗透

地下水注入河流

→ 在太阳和地球表面热能的作用下，地球上的水不断被蒸发成水蒸气，进入大气。水蒸气遇冷凝结成水，在重力的作用下，以降水的形式落到地面。这个过程周而复始，可以说从未停止过。

从海洋到大气

海洋经过太阳的照射，大量的水就会变成水蒸气升向高空，形成云。

从大气到陆地

　　当高空中的云越聚越多,里面充满了足够的水,其中一部分水就会以雨、雪、冰雹等形式降落在陆地上。

从陆地到海洋

　　当雨下得很大时,就会在地面形成无数的水潭,并以水流的形式向河流奔去,最后汇入江河、湖泊或者海洋。

云形成雨降
落在地面上

地表水蒸发

■ 在自然界中,水的大、小循环交织在一起,如同地球的血液,在地球的每个角落里流动,使地球具有活力,也充满了生机。

地面河流

太阳使水的温度升高,变成水蒸气蒸发到大气层中

河流湖泊中的水汇入海洋

洋

蔚蓝色的海洋，美丽壮观。我们常说的海洋，是地球上四通八达连成一片的海水，统称为"世界大洋"。其实，洋和海是有区别的，但它们又是相互连通在一起的，就像一对形影不离的好朋友。

什么是洋

洋远离陆地，是海洋的中心部分。洋的面积大，离陆地较远，水很深，颜色特别蓝，受陆地影响小，水温、盐度较高，而且很稳定，有独立的海流和潮汐运动系统，大洋之间的水可以自由流通。洋底地形以海盆、岭脊为主。

太平洋面积约 1.8 亿平方千米，平均水深为 4 028 米，是世界第一大洋

太平洋

世界上有四大洋：太平洋、大西洋、印度洋和北冰洋。其中，太平洋是最古老、最大、最深、最温暖、岛屿最多的海洋。太平洋位于亚洲、大洋洲、南极洲和美洲之间，大小占整个世界海洋总面积的一半，就是把地球上所有的陆地加在一起，也没有太平洋大。

大西洋

大西洋在欧洲、非洲、美洲和南极洲之间,是世界第二大洋,约为太平洋的一半大。在大西洋沿岸,有许多发达国家和地区,所以这里的海上航运业非常发达。

北冰洋

北冰洋的面积为1 310万平方千米,平均水深只有1 200米,是世界上最小的大洋。

太平洋约 1.8 亿平方千米

北冰洋 1 310 万平方千米

印度洋 7 491.7 万平方千米

大西洋为 9336.3 万平方千米

↑ 北冰洋周围的国家和地区有俄罗斯、挪威、冰岛、格陵兰(丹)、加拿大和美国。北极地区有几十个不同的民族,其中因纽特人分布最广。

印度洋

印度洋在亚洲、非洲、大洋洲和南极洲之间,是世界第三大洋,约占海洋总面积的1/5。印度洋大部分处在热带和亚热带,所以它是一个热带的大洋,称为"热带的洋"。

北冰洋

北冰洋是世界四大洋中面积最小、深度最浅的洋,位于亚洲、欧洲和北美洲的北岸之间。北冰洋的气候非常恶劣,终年雪飘,冰山林立。由于终年气候严寒,绝大部分被冰层覆盖,因此被称为"北冰洋"。

冰　　　　　洋

欧 洲

亚 洲

地中海

非

波斯湾

印 度 洋

太

平

洋

大 洋 洲

洲

印度洋面积为 7 491.7 万平方千米,平均水深为 3 897米,是世界第三大洋。

大西洋的面积为9336.3万平方千米,平均水深为 3 627米。

极　　　　　洲

海

随着大陆的漂移，海洋的大小和形状在不断地变化着。海靠近陆地，是洋的边缘部分。海的面积狭小，水不深，海水受陆地影响大，透明度低，颜色混浊，盐度低，几乎没有自己独立的海流和潮汐系统。

世界上有多少个海

地球上的无数条河流，最后都汇入了浩瀚的大海。世界上共有大大小小 64 个海，太平洋最多，大西洋次之，印度洋和北冰洋差不多。

加勒比海

⬇ 珊瑚海地处热带，阳光充足、空气清新、海水洁净、礁石嶙峋，是海洋生物的乐园。

珊瑚海

珊瑚海既是世界最大的海，也是最深的海，位于太平洋的边缘。这里曾是珊瑚虫的天下，它们留下了世界上最大的堡礁。众多的环礁岛、珊瑚石平台，像天女散花，繁星点点，散落在广阔的洋面上，珊瑚海因此得名。

渤海

　　渤海是我国的内海,三面环陆,在辽宁、河北、山东、天津三省一市之间。辽东半岛南端老铁三角与山东半岛北岸蓬莱遥遥相对,像一双巨臂把渤海环抱起来,海岸线所围成的形状就像是一个葫芦。

➡ 海盗天堂——加勒比海,在著名的探险小说《金银岛》里,海盗弗林特广为人知,成为海盗的标志。

加勒比海

　　加勒比海是岛国最多的海,位于大西洋西部边缘,是世界上最深的陆间海之一。16世纪,加勒比海成为海盗的天堂,许多海盗甚至得到国王的授权。这里众多的小岛为他们提供了良好的躲藏地,而运送珠宝的舰队则是他们的攻击对象。

地中海

　　地中海被欧、亚、非三大洲围了起来,它就像一个大湖,碧波万里,岛屿众多。地中海是世界上最古老的海,比大西洋还要古老。这里分布着维苏威火山和埃特纳火山,是世界强地震带之一。

⬇ 希腊沿地中海的白色建筑

河 流

河流是地球上水循环的重要路径,对全球的物质、能量的传递与输送有很大作用。不断运动的水流改变着地表形态,形成不同的地貌如峡谷、冲积平原及河口三角洲等。在河流密度大的地区,广阔的水面对该地区的气候也具有调节作用。

什么是河流

河流是陆地表面上经常或间歇有水流动的线形天然水道。在我国,河流的叫法很多,较大的叫江、河、川,较小的叫溪、涧、沟等。每条河流都有河源和河口,河源是指河流的发源地,河口是河流的终点。

亚马孙河

亚马孙河

亚马孙河被誉为"河流之王",源于南美洲安第斯山中段秘鲁的科罗普纳山东侧的米斯米雪峰之巅。其正源——乌卡利亚河不断地接纳雪峰上的淙淙冰水,一路汇集百川之水,进入著名的亚马孙平原。

黄河

　　黄河是我国第二长河,源于青海巴颜喀拉山,干流贯穿九个省、自治区,全长5464千米,流域面积75万平方千米。黄河中游河段流经黄土高原地区,支流带入大量泥沙,使黄河成为世界上含沙量最多的河流。

尼罗河

　　尼罗河位于非洲东北部,穿过撒哈拉沙漠,在开罗以北进入河口三角洲,在三角洲上分成东、西两支注入地中海。尼罗河孕育了古代埃及五千年的文明历史,所以被埃及人视为生命之母。

　　↑ 黄河,既是一条源远流长、波澜壮阔的自然河,又是一条孕育中华民族灿烂文明的母亲河。

长江

　　长江是我国第一长河,是世界第三长河。流域总面积180多万平方千米,约占我国土地总面积的1/5。长江源远流长,与黄河一起,成为中华民族的摇篮,孕育了中华民族的灿烂文明。

　　↓ 长江全长6397千米,是我国最长的河流,世界第三长河。

湖　泊

> 　　湖水是全球水资源的重要组成部分，地球上湖泊总面积约为 207 万平方千米，总水量约 17 万立方千米，其中淡水储量约占 52%，约为全球淡水储量的 0.26%。湖泊是水路交通的重要组成部分，盛产鱼、虾、蟹、贝，出产莲、藕和芦苇等，是水产和轻工业原料的重要来源。

什么是湖泊

　　湖泊是指陆地上洼地积水形成的面积比较宽广的水域。在地壳构造运动、冰川作用、河流冲淤等地质作用下，地表形成许多凹地，积水成湖。由于地壳升降运动，气候变迁的变化，湖泊会经历缩小和扩大的反复过程。

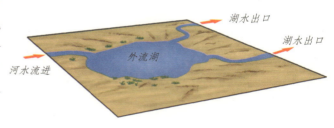

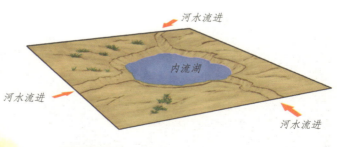

卫星上拍摄的里海

里海

　　里海位于亚欧大陆腹部，亚洲与欧洲之间，是世界上最大的湖泊，也是世界上最大的咸水湖。里海是古地中海残存的一部分，有许多水生动植物也和海洋生物差不多，所以里海被称为"海"。

死海

死海是世界海拔最低的湖泊，位于亚洲西部，巴勒斯坦和约旦交界处。远远望去，波涛此起彼伏，无边无际。但海水中却没有鱼虾、水草，甚至连海边也寸草不生，死海因此得名。死海的咸度很高，即使你不会游泳，也不会被淹死。

↑ 死海的咸度很高，在死海中游泳，会被浮起来。

从卫星照片上看到的青海湖

青海湖

青海湖地处我国青海省的东北部，既是我国最大的内陆湖泊，也是我国最大的咸水湖。湖区为高原大陆性气候，光照充足，冬寒夏凉，暖季短暂，冷季漫长，春季多大风和沙暴，全年降水量较少，干湿季分明。

的的喀喀湖

的的喀喀湖是南美洲地势最高、面积最大的淡水湖，也是世界海拔最高的淡水湖，湖面海拔高达 3 821 米。它位于玻利维亚和秘鲁两国交界的科亚奥高原上，被称为"高原明珠"。

↓ 的的喀喀湖是南美洲最大的淡水湖。

 # 水底世界

海底矿产资源十分丰富,从近岸海底到大洋深处,从海底表层到海底岩石以下几千米深处,到处都有矿物分布。这些矿物包括固体矿产、液体矿产和气体矿产等。如果能合理开发利用,海底矿产资源将取之不尽,用之不竭,是人类未来重要的资源供应地。

水晶宫的传说

自古以来,有许多关于神奇美妙的水晶宫的传说。据说,水晶宫里汇集了天上地下的稀世珍宝,它潜在水下的底层,当星光闪烁时,水晶宫里就会灯火通明,通体透亮,远看如海市蜃楼,近看似水下龙宫,美丽异常。

海底地貌

海底如同陆地一样,有高耸的海山、起伏的海丘、绵延的海岭、深邃的海沟,也有坦荡的深海平原。海底是地球上最活跃、最动荡不安的地带。海底地震、火山活动非常频繁,不同的是,这些灾难是在海水的掩盖下进行的。

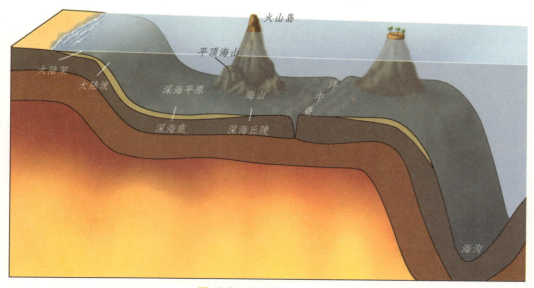

海底地貌示意图

潜水

潜水就是为了进行水下查勘、打捞、修理和水下工程等作业而进入水面以下的活动。潜水越深，所受的海水压力越大。潜水有很古老的历史，很早以前，就有人潜入海底去寻找食物和宝贝。

潜水艇

潜水艇就是潜在水中的舰艇，可以在水中长时间、长距离地持续航行。潜水艇是海军作战的重要舰艇之一，主要用于攻击对方水面上的战舰和水中的潜水艇，也可以袭击陆地上的重要军事目标。

⬆ 潜水艇是一种能潜入水下活动和作战的舰艇，是海军的主要舰种之一。

海底有什么

在蔚蓝色的海洋里，有千奇百怪的海洋动物、奇异的自然景色和丰富的矿产资源。五颜六色的海洋动物穿梭在连绵起伏的山脉之间，给海洋带来无限生机。

水中动物

水中生活着许多动物,有脊椎动物(哺乳类、鱼类)、无脊椎动物、腔肠动物、棘皮动物等。由于人类频繁的捕杀活动,许多水中动物面临灭绝的危机,它们是人类的朋友,我们应该关爱这些动物。

海洋动物

地球上的原始生命诞生在海洋里,如果没有水,就不会有生命。生机勃勃的海洋到处都有生命的踪迹。目前,海洋生物大约有 20 万种,其中,海洋动物约 17 万种。

➡ 海豚上下颌各有 101 颗尖细的牙齿,主要以小鱼、乌贼、虾、蟹为食。

🔺 贝加尔湖中生存着大量种类繁多的淡水动物

淡水动物

地球上淡水动物群的种类及数量很多。俄罗斯的贝加尔湖是拥有世界上种类最多和最稀有的淡水动物群的湖泊之一,这种动物群对进化科学具有很大的价值。

两栖动物

两栖动物是最原始的陆生脊椎动物，既能在陆地上生活，又能在水里生活。两栖动物体温不恒定，在水中产卵，幼体（如蝌蚪）在水中生活，变态后可以在陆地生活。它们用肺呼吸，皮肤裸露而湿润，无鳞片。

 蝌蚪是蛙、蟾蜍、蝾螈、鲵等两栖类动物的幼体，生活在水中，长大后就可以离开水域，爬上陆地。

鲸

鲸是生活在海洋中的哺乳动物，用肺呼吸，分布在世界各海洋中。有的鲸身体很大，最大的体长可达 30 米。鲸长得像鱼，胎生，以乳汁哺育幼鲸。一般以浮游动物、软体动物和鱼类为食。

鲸是终生生活在水中的哺乳动物，对水的依赖程度很大，一旦离开了水它们便无法生活。

鲸和人类

海洋中绝大部分氧气和大气中一半多的氧气是浮游植物制造的。须鲸能灭掉浮游植物的劲敌——浮游动物。另外，齿鲸也有助于保持鱼类的生态平衡。齿鲸的食物就是以鱼为食的大型软体动物。所以说，鲸和人类的关系非常密切。

水生植物

在水生环境中,有种类众多的藻类及各种水草,它们是牲畜的饲料、鱼类的食料和鱼类繁殖的场所。水生植物是指那些能够长期在水中正常生存的植物。由于常年生活在水中,这些植物形成了一套适应水生环境的本领。

莲藕

水生植物一个突出的特点是具有很发达的通气组织,莲藕是最典型的例子。它的叶柄和藕中有很多孔眼,这就是通气道。孔眼与孔眼相连,彼此贯穿形成一个输送气体的通道网。这样,即使长在不含氧气或氧气缺乏的污泥中,莲藕仍可以生存下来。

通气道

⬆ 莲藕生活在水中,属于水生植物。水环境中的含氧量不足空气中的1/20,为了适应缺氧环境,水生植物都具有发达的通气系统。

⬆ 藻类植物体在形态上千差万别,小的必须在显微镜下才能见到,体形最大的可达60米。

藻类

一些水中或潮湿的地面和墙壁上个体较小、黏滑的绿色植物统称为藻类。藻类植物有大和小、简单和复杂的区别,但是,它们基本上是没有根、茎、叶分化的能独立生活的一类。藻类植物约有3万种,主要分布于淡水或海水中。

海带

海带是一种含碘量很高生活在海里的藻类植物,被称为"海底森林",全身就是一条长长的"叶子",生长在海底。海带没有茎,也没有枝,假根能使它固定在岩石上。除能作为食物外,海带还可以制成海带酱油、海带酱等。

紫菜

我们平时吃的紫菜含有很高的蛋白质、碘和多种维生素。紫菜味道鲜美,除食用外还用于医学治疗。紫菜广泛分布于世界各地,但以温带为主,至今已发现的紫菜种类有70多种。我们吃的紫菜大多来自人工养殖。

↑ 海带是一种含碘量很高的水生植物

浮萍

浮萍生活在温度适宜、营养丰富的水里。浮萍对水体有净化的作用,但是如果繁殖过多,水面被浮萍大面积遮盖住,水底的氧含量就会减少,导致水生动物缺氧而大量死亡。

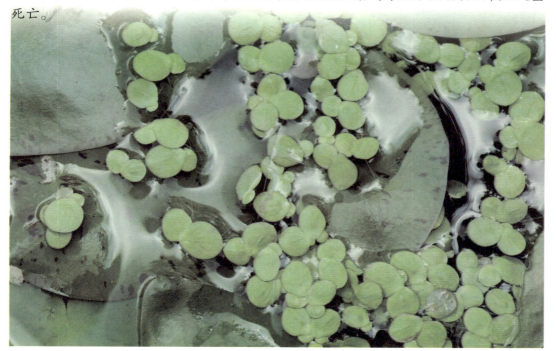

地下水

地下水是宝贵的地下资源，它以各种形式埋藏在地壳岩石中。地下水的分布非常广，是生活用水、工业、农牧业、国防的重要水源。但在采矿或隧道施工中，有时，地下水会大量涌出，给人们带来灾难性事故。

井水

地下水与人类的关系十分密切，井水和泉水是我们日常使用最多的地下水。

地下水分类

据估算，全世界的地下水总量多达 1.5 亿立方千米，几乎占地球总水量的1/10，比整个大西洋的水量还要多。根据地下埋藏条件的不同，地下水可分为上层滞水、潜水和自流水三大类。

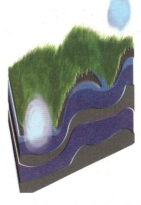

⬆ 水井中的水大部分来源于地下，比较干净，不需要处理，烧开后可直接饮用。

⬇ 地下水分布示意图

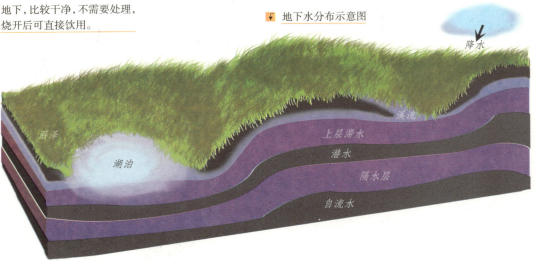

降水

溪流

上层滞水

潜水

隔水层

自流水

沼泽

湖泊

↑ 在沙漠中，一些地方会因为地下水的缺少而下陷，当地下水恢复以后，这里就成为沙漠中的绿洲。

过多开采的危害

抽取地下水是缓解淡水不足的重要途径，但是过多地抽取地下水，也会带来严重后果。比如，会诱发地面沉降、地面塌陷、海水入侵等一系列地质灾害现象，给我们的社会和自然环境带来重大破坏。

老忠实泉

老忠实泉是世界上最著名的间歇泉，位于美国黄石公园。"间歇泉"来源于冰岛语"盖济尔"，意为"喷井"或"狂怒者"。老忠实泉有规律地喷发已经有200年了，每小时喷射约4.55万升水，高度可达30～45米，每次持续5分钟。

↑ 美国黄石公园的老忠实泉

月牙泉

月牙泉位于甘肃省河西走廊西端的敦煌市，南北长近100米，东西宽约25米，泉水东深西浅，最深处约5米，形状弯曲如新月，因而得名。千百年来，月牙泉不为流沙所淹没，不因干旱而枯竭，因此被称为天下沙漠第一泉。

↓ 甘肃敦煌月牙泉

人体里的水

人体内部是一个奇妙的"海洋"。当人体因某种疾病而大量失水或出血过多时,医生会先给患者注射生理盐水;出汗过多,人的机体就会因失水而致病,这时需向人体内部补充水。人体为什么需要水呢? 让我们一起去看看。

人体水环境

一个成年人的体内,约70%都是液体。人体细胞是在水的帮助下运作的,所以说人体内是一个水的环境。

喝水

每天,我们一定要喝三大杯水才可以满足体内的需要。如果身体缺乏水,我们就会觉得口干舌燥,甚至会导致疾病的发生。

吸收

人体每天需要大量的水分,但所需的水从哪里来? 除了大量喝水,我们还可以从富含水的食物中摄取,如从水果、蔬菜中汲取。

← 当剧烈的运动使人体的水处于紧缺时,可通过大量饮水来补充。

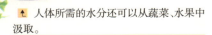

↑ 人体所需的水分还可以从蔬菜、水果中汲取。

眼泪

人体中的任何器官都离不开水,当我们眼睛中落入灰尘等异物时,就会产生大量的眼泪,把异物冲出来。眼泪还能湿润眼球表面,湿润结膜囊,改变角膜的光学性能。

↑ 眼泪中除大量的水外,还有溶菌酶、免疫球蛋白等,它们具有抑制细菌生长的作用。

汗水

汗腺是我们身体的"空调器",汗水通过毛孔由皮肤表面排出,调节了人体的温度,加速新陈代谢。出汗是最有效的排毒方式,如果老憋着不出汗,时间长了,就会造成很多人体代谢系统的紊乱。

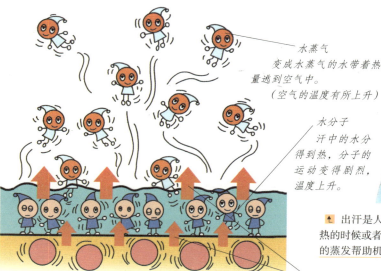

水蒸气
变成水蒸气的水带着热量逃到空气中。
(空气的温度有所上升)

水分子
汗中的水分得到热,分子的运动变得剧烈,温度上升。

↑ 出汗是人体体温的调节方式。当我们觉得热的时候或者在做运动的过程中,可以通过汗液的蒸发帮助机体把体温降低到正常水平。

热是分子和原子运动所引起的,运动越剧烈温度就越高。身体的热传到温度低的汗水里后,体温就会下降。

小 实 验

人体内的水可以计算。找来一台体重计,和两三个小伙伴一起称称各自体内的水有多重。站在上面,每个人记下自己的体重,然后各自用体重乘以 0.7,就可以计算出自己身体里水的重量。

排泄水

在正常情况下,人体处于水平衡状态,也就是说,补充的水量与排出体外的水量相当。一旦破坏了这一平衡,就会产生严重后果,例如水不能正常排出,就会在体内泛滥,身体浮肿。

水的净化

判断水干不干净,不能光看水的颜色,河流或池塘里的水,即使看起来很清澈,也必须加以净化才能饮用。因为生水中含有大量肉眼看不见的微小生物和化学物质,会导致疾病的发生。

水中的物质

所有的生物都要依靠水才能生存,在显微镜底下,我们能够看见水中的微小生物,这些微生物有一部分对人体是有害的。除了这些微生物,还有一些人们丢弃到水中的垃圾产生的污染物。所以水必须经过自来水厂的处理。

过滤

由于水中有一些对人体有害的微生物和污染物,所以在饮用之前,水必须加以过滤,处理掉所含的微生物。

↑ 这是一个庞大的水净化池,在这里经过沉淀和处理,污水中的杂质会减少很多。

纯净水

　　纯净水水质清纯,不含任何有害物质和细菌,有效地避免了各类病菌入侵人体,其优点是能有效安全地给人体补充水分,有促进新陈代谢的作用。

盐的生产

　　海水结晶得到粗盐,即有杂质的盐,然后经过多道工艺制得纯盐。如果是用来食用的,还必须得加碘。加碘后的食盐经过包装、运输,然后才走进千家万户,走进我们的生活。

　　▲ 饮水机里的水是经过处理的纯净水或者矿泉水。矿泉水与纯净水的最大区别,在于水源不同。真正的矿泉水取之于深层地下承压水,水中含有人体所需要的矿物质和微量元素。而纯净水则是利用城市自来水或自备井水,经过反渗透膜技术净化处理,使水变得非常纯净,不含任何细菌和水之外的其他物质。

　　▶ 粗盐是海水结晶后得到的,这里面有很多杂质,要经过处理才能食用。

　　◀ 古人很早就掌握了煮海为盐的方法

蒸馏

　　蒸馏就是利用液体混合物中各组分挥发度的差别,使液体混合物部分汽化并随之使蒸气部分冷凝,从而实现其所含组分的分离。蒸馏广泛应用于炼油、化工、轻工等领域。

自来水

自来水是供人们生活、生产使用的水。当我们拧开水龙头，清洁甘洌的自来水就会哗哗地流出来，我们用它来洗手、洗菜，真是又方便、又干净。你知道自来水是怎么来的吗？其实，自来水并不是自来的，它是通过水处理厂净化、消毒后生产出来的。

自来水怎么来的

自来水主要通过水厂的取水泵站汲取江河湖泊及地下水，并经过沉淀、消毒、过滤等工艺流程，最后通过配水泵站输送到每家每户。

选取

要从原水(即江河湖泊、地下水)变为我们能够饮用的自来水，第一步就是选取。首先要选择优质的水源，测定有无明显污染源。选取好原水后，取水泵站通过取水管道从江河湖泊或者地下，把充满杂质的水源源不断地抽进水厂，然后进行下一道工艺。

水龙头里流出来的自来水，是经过一系列复杂的处理，才到达千家万户。

净化

　　原水被抽进水处理厂后,还要经过很多道工艺流程:加入混凝剂使水变清,再经过沉淀、过滤,使水变得非常清澈。

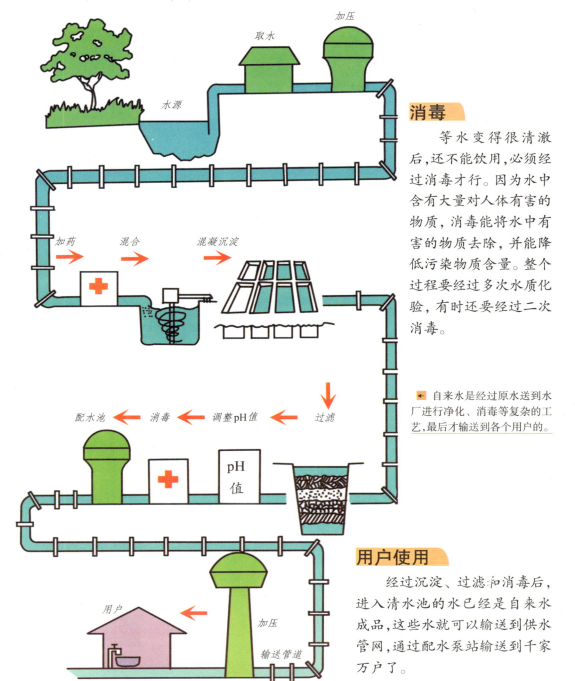

消毒

　　等水变得很清澈后,还不能饮用,必须经过消毒才行。因为水中含有大量对人体有害的物质,消毒能将水中有害的物质去除,并能降低污染物质含量。整个过程要经过多次水质化验,有时还要经过二次消毒。

　　◀ 自来水是经过原水送到水厂进行净化、消毒等复杂的工艺,最后才输送到各个用户的。

用户使用

　　经过沉淀、过滤和消毒后,进入清水池的水已经是自来水成品,这些水就可以输送到供水管网,通过配水泵站输送到千家万户了。

强大的水蒸气

当我们把水烧开的时候，水蒸气就会掀开壶盖，从壶里"咕嘟嘟"地冒出来。可以想象，水蒸气的力量多么强大！人们把水蒸气的这一性质运用到了生活的方方面面，比如，世界上大多数电厂都是靠水蒸气驱动的。

蒸汽机

蒸汽机是大科学家瓦特利用蒸汽的巨大能量发明的。蒸汽机结束了机器对畜力、风力和水力的依赖，为机器的广泛应用创造了必要条件。

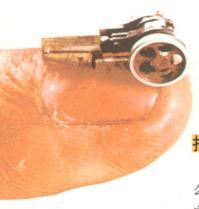

← 全球最小的蒸汽机。该蒸汽机整机宽 0.68 厘米，长 1.624 厘米，重量为 1.72 克。

↑ 瓦特发明的旋转式蒸汽机

指甲盖大的蒸汽机

全球最小的蒸汽机只有指甲盖那么小，2007 年，被吉尼斯世界纪录收录。它通过 10 毫升的水来产生蒸汽并驱动蒸汽机，最长驱动时间为 2 分钟。

瓦特的故事

瓦特是二百多年前英国的科学家。他喜欢思考，一天，他看见炉子上的水开了，开水在壶里翻滚，开水的力量使壶盖不住地上下跳动。他想：要是有更多的开水产生巨大的力量，不是可以推动更重的东西吗？长大后，瓦特经过一次次实验，终于发明了蒸汽机。

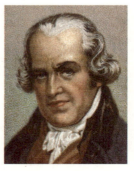

↑ 蒸汽机的发明者瓦特

改变世界的水蒸气

瓦特蒸汽机的发明是科学技术史上划时代的成就,它的出现曾引起了18世纪的工业革命,直到20世纪初,它仍然是世界上最重要的原动机,后来才逐渐让位于内燃机和汽轮机等。

⬆ 蒸汽机应用于汽车

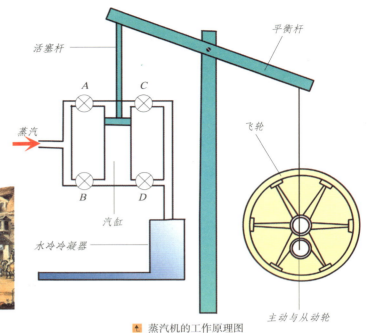

⬆ 蒸汽机的工作原理图

蒸汽机的应用

蒸汽机发明不久,很快就应用到社会的各个方面,首先是蒸汽机船和蒸汽机火车的应用。英国的机械工程师特里维西克,制造了世界上第一辆在轨道上使用蒸汽机的车。后来,斯蒂芬森在他的基础上做了很大的改进,并试行通车,铁路运输事业从此诞生。

天然的水力

水看上去是平静、缓慢而柔和的，其实，它的力量大得惊人。浪花使船颠簸摇晃，溅湿衣服，可这些都没有让我们真正感觉到水蕴涵着多么巨大、甚至可怕的力量。我们现在就去体验一下水的力量吧!

鹅卵石

鹅卵石是经过很长时间逐渐形成的。由于地壳运动等自然力的震动风化，再经过山洪冲击、流水搬运和砂石间反复翻滚摩擦，就会形成浑圆光滑的鹅卵石。

水滴石穿

水在流动时，对经过的沉积物或岩石有着强大的侵蚀作用。我们往往会在山洞旁发现某一处水滴会把石头滴穿，这足以说明水的力量。

↑ 经过千万年前的地壳运动，鹅卵石经历了山洪冲击、流水搬运过程中不断的挤压和摩擦，色泽鲜明古朴，被广泛用做建筑材料

↓ 钟乳石像冬天屋檐下的冰柱，从上面垂下来，光泽剔透、形状奇特。洞顶上有很多裂隙，每一处裂隙里都有水滴不断出现，又不断挥发，经过很长时间，洞顶上就会积聚很多石灰质，这就是钟乳石。

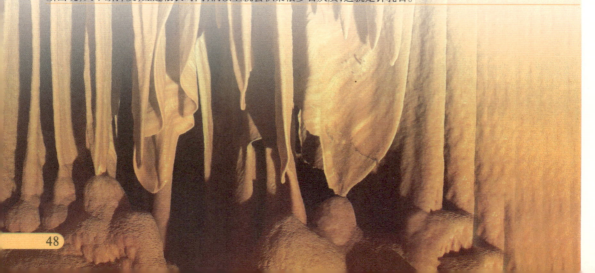

三角洲

　　三角洲又称河口平原,从平面上看像三角形,顶部指向上游,底边为其外缘,所以叫三角洲。河流流入海洋或湖泊时,因流速减低,所携带的泥沙大量沉积,逐渐发展成冲积平原,也就是三角洲。

成扇状的尼罗河三角洲

↑ 溶洞是水和二氧化碳的缓慢侵蚀形成的

溶洞

　　奇特壮观的溶洞是水和二氧化碳的缓慢侵蚀创造出来的。在溶洞里,有千姿百态的钟乳和石笋,它们是由碳酸氢钙分解后又沉积出来的碳酸钙形成的。如闻名于世的桂林溶洞、北京石花洞等。

沙滩

　　海水不停地冲击海岸,将岩石磨砺成小颗粒,同时海水中的沙子也因为海水的潮汐运动留在海岸,这样就会形成沙滩。

水力利用

水流动起来威力无边;湍急的河流会冲走树木,甚至大卡车、火车,毁坏桥梁;洪水泛滥会淹没大片的田地和房屋。人们利用水的巨大能量,在落差大、流量大,水能资源丰富的地区建立水电站来发电。

水利工程

水是我们生活中必不可少的宝贵资源,但其自然存在的状态有时会给我们带来灾害。只有修建水利工程,才能控制水流,还可以保证防洪、灌溉、发电,并进行水运。

流动的水力

地球上的水总是不断流动着。在河里,大一点的鹅卵石被水卷进漩涡一直打着转,到最后把河床都打出洞来。人们就是利用流动的水力(比如潮汐)来发电的。

▲ 巴西水力资源丰富,水电供应比例占全国供电的 85% 以上。此前世界最大的水电站——伊泰普水电站就在巴西境内。

▼ 月球和太阳对地球产生的引力使海水发生潮汐现象,海水一涨一落的过程中蕴藏着巨大的能量,这就是潮汐能。目前这种能量主要用来发电。

水车

　　水车是靠水力工作的。水车都有一个很大的叶轮,靠水的冲击力冲击叶轮,使轮轴转动,产生动力。由于水车叶轮的直径很大,所以很小的水力就能推动水车运转。

　　➡ 水车在我国农业发展中起着非常重要的作用。它不仅在旱时可以用来汲水,低处积水时也可以用来排水。

都江堰

　　都江堰是举世闻名的中国古代水利工程,建于 2200 多年前,是世界上最古老的水利工程。它科学地消除了水患,使川西平原成为"水旱从人"的"天府之国"。2000 多年来,都江堰一直发挥着防洪灌溉作用,如今,它的灌溉范围已达 40 多个县,灌溉面积达到 66.87 万公顷。

⬆ 都江堰

水电站

　　水电站就是将水能转换为电能的综合工程设施,一般包括由挡水、泄水建筑物形成的水库和水电站引水系统、发电厂房、机电设备等。三峡水电站是世界上规模最大的水电站,也是中国有史以来建设的最大型的工程项目。

⬆ 李冰石人水尺。李冰是战国时期秦国蜀郡太守,他和儿子率领部下修建了都江堰这一水利工程。

水上交通

水上航道没有爬高和下坡，可节省额外的燃料消耗，加上水摩擦力小，较小的动力便能推动载有大量货物的巨轮前进，所以水上交通成为目前重要的运输方式之一。

重要的水上交通

水上交通的方便性无可替代。如今，全世界上万个大小港口，通过密如蛛网的海上航线，把世界各国连通起来。全世界80%以上的货物通过水上进行运输。

巴拿马运河的开通,大大缩短了海上运输的航程,使太平洋与大西洋之间的航程比原来缩短了5000～10000千米。

河流运输

河流不但是地球上水循环的重要路径，还是重要的运输要道。如欧洲三大河流"黄金水道"——莱茵河、伏尔加河、多瑙河。我国的长江已成为目前世界上内河运输最繁忙、运量最大的通航河流。

环球航行

500年前，葡萄牙著名航海家麦哲伦带领船队从西班牙出发，绕过南美洲，发现麦哲伦海峡，然后横渡太平洋。虽然后来麦哲伦在菲律宾被杀，但他的船队继续西航回到西班牙，完成了第一次环球航行。

通往亚洲

15世纪末，葡萄牙航海家达·伽马在国王曼努埃尔一世选派下率领一支远征队，由葡萄牙里斯本远航到达了印度，达·伽马因此成为第一个从海上去印度游历的欧洲人。

⬆ 航海家达·伽马

⬆ 航海家麦哲伦

横渡大西洋

意大利航海家哥伦布一生从事航海活动，他相信大地球形说，在西班牙国王的支持下，先后四次出海远航，开辟了横渡大西洋到美洲的航路。

⬆ 即将远航的哥伦布与国王、王后道别。

水污染

人类在生产活动中,会在自然界中产生大量的废弃物,有一些废弃物必须要借助水才能被排出,这样就会使自然界中的水受到污染,如果水的污染过于严重,就会给我们带来很大危害。

什么是水污染

一般来说水污染是因为人类向水中排放垃圾造成的,但这并不是说你向一条小河里抛一枚石子就会污染水。我们所说的水污染是指把对人类有害的废物溶解在水中排放,使整个水体的质量被彻底改变,这才是水污染。

▶ 工厂排放的污水流入河流

水污染来源

我们把向水体中排放污染物的源头称为污染源,比如一个城市居民生活用水会对水体产生污染,那么污染源就是这个城市,如果一个工厂向水体中排放污染物,那这个工厂就是污染源。

被污染的水

当水中掺杂许多有害物质的时候,就成为被污染的水,不适合我们饮用了。被污染的水也有许多外观表现,比如会有各种颜色:黄色或黑色,气味也变得十分难闻。有些被污染的水没有这些变化,但是对人体却有很大危害,只有通过仪器检测才能发现。

污水的危害

水被污染以后,就不再适合人类饮用,也不能使用。如果一个城市的水源被污染了,大家就会缺水喝,更重要的是,被污染的水会使农作物减产,导致食物短缺,人类的生存将受到严重的威胁。

⬆ 水体污染造成大量鱼类死亡

防止水污染

根据科学家统计,污染水的重要来源是那些采用落后机器和技术生产加工产品的工厂,因此这些工厂排出的水必须经过严格的净化,直到排出的水的品质达到排放的要求,才能排放到自然界中去。

酸 雨

酸雨就是"酸性沉降",它可分为"湿沉降"与"干沉降"两大类。湿沉降指的是所有气状污染物或粒状污染物，随着雨、雪、雾或雹等降水形态落到地面上；干沉降则是指在不下雨的日子，从空中降下来的落尘所带的酸性物质。

什么是酸雨

由于大气中含有大量的二氧化碳，所以，正常雨水本身略带酸性，一般把雨水中酸碱度（pH 值）小于 5.6 的称为酸雨。

酸雨

烟尘作为废气排入大气

酸性化的湖泊

酸雨的形成

含酸雨滴在下降过程中不断合并吸附、冲刷其他含酸雨滴和含酸气体，形成较大雨滴，最后降落在地面上，形成了酸雨。

酸雨的危害

　　酸雨会产生严重危害。它可以直接使大片森林死亡、农作物枯萎、土壤贫瘠、鱼类大片死亡,并可加速建筑物和文物古迹的腐蚀和风化,还会危及人类的健康。

自由女神被侵蚀

　　酸雨同样也腐蚀金属文物古迹。著名的美国纽约港自由女神像,其钢筋混凝土外包的薄铜片就因酸雨而变得疏松,一触即掉,因此不得不进行大修。

酸雨的防治

　　世界上酸雨最严重的地区是欧洲和北美许多国家。在遭受多年的酸雨危害后,30多个国家都采取了积极的对策,制定了减少致酸物排放量的法规,就是将二氧化硫和氮氧化物的排放量减少到最低。

▲ 酸雨被人称为"空中死神",它落进湖里,湖水变酸,使湖中生物大量死亡;落到森林,使林木生长变慢,最后干枯。

▲ 被酸雨腐蚀的雕塑

生活污水

生活污水是我们在日常生活中产生的废水，比如洗涤衣物、淋浴等产生的废水，这些废水不是被污染的水，但是它们也不能为我们所用了，这些就是生活污水。

细菌的栖息地

生活污水的水质相对比较稳定，但混浊、色深，而且有恶臭味，一般不含有毒物质，同时生活污水很适合各种微生物的繁殖，因此常含有大量的细菌（包括病原菌）、病毒和寄生虫卵。这类污水属于比较容易处理的污水。

↑ 生活污水

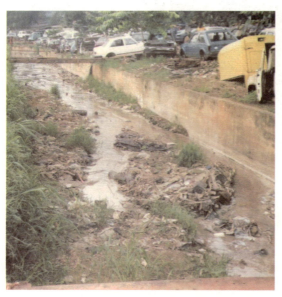

↑ 日常生活产生的垃圾堆积在小河里，阻止了水流通，长期下去就会形成臭水沟，给环境带来污染。

污水的组成

污水处理的前提条件是必须正确掌握污水的水质。而污水的组成成分极其复杂，难以用单一指标来表示其性质。水质指标按污水中杂质形态大小分为悬浮物质和溶解性物质两大类。

生活污水变纯净水

　　由于新加坡水资源非常
缺乏，总要从邻国马来西亚买
水。2005 年，新加坡通过先进
的科学技术从污水中净化提
取出新生水。经过专家鉴定，
各项水质指标都优于目前使
用的自来水，清洁度至少比国
际饮用水标准高出 50 倍。

↑ 污水处理

泰晤士河重现美丽

　　英国泰晤士河是遭受现代工业化污染最早的一条世界著名河流，曾经因为工业污
水不停流入，使鱼虾几乎绝迹。后来，英国政府投入巨额资金，撤迁工厂，使泰晤士河
又恢复了往日的美丽和宁静。

↓ 泰晤士河经过整治，恢复了昔日的美丽。

水资源的浪费

　　每天我们都要使用水,也许在一天之中,你使用的水并不多,但是在你居住的地方,所有的人一天需要的水的数量却是一个很大的数字。但是,有许多水资源并没有被很好地利用,它们被浪费了,看看这些水是怎么被浪费掉的。

数量巨大的用水

　　从大清早起床开始,我们就在和水打交道,如果你的家里有一个水表,查一查自己家里这一天用了多少水,然后再算一算你居住的城市一天会用多少水,也许结果会让你大吃一惊。在许多大城市里,人们一天使用的生活用水就相当于一个中等大小的湖泊。

滴水的水龙头

　　水龙头是家里最重要的设施,你所使用的水都是从这里来的,在一些公共场所也有水龙头。如果一个水龙头不断地滴水,那么它一天滴的水会比你一天饮用的水还要多,长此下去,就会有许多水被白白浪费掉。

↑ 节约用水,从点滴做起!

工业用水的浪费

一些工厂因为采用陈旧的设备，在制造同样数量的产品时，会使用更多的水，这样就造成了巨大的水浪费。据统计，每年一个城市里工厂浪费的水资源足够整个城市的市民使用两到三年。

来做一个小游戏吧，拿上一支笔和一个笔记本，看看你的家里一天的水都用在哪里，哪些地方用的水正好合适，哪些地方用的水多了，想一想怎么把多用的水节省下来。

紧缺的水资源

虽然地球上的水资源非常多，而且还可以循环使用，但是因为人类需要的淡水越来越多，而水资源却没有增加，所以能够被我们使用的水资源也就越来越少，因此水资源是一种紧缺的资源。

世界上有很多地区严重缺水，为了解决威胁生存的干旱问题，非洲许多地方的人甚至还会到很远的地方去背水。

节约用水

节约用水指通过行政、技术、经济等管理手段加强用水管理,调整用水结构,改进用水,实行计划用水,杜绝用水浪费,运用先进的科学技术建立科学的用水体系,有效地使用水资源、保护水资源,适应经济社会发展的需要。

人人都要节约用水

节约用水,人人有责。只有大家都注意节水了,水荒才能远离我们,生活才会安定和谐,环境才会优美舒适。我们明白这些道理以后,不但要自己身体力行,还要做好宣传工作,告诉亲朋好友,让大家都来节水。

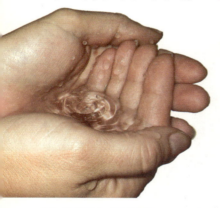

节水不是不用水

节水不是限制人用水,而是让我们合理地用水,高效率地用水,不要浪费。专家们指出,如果农业减少 10%~50% 的需水量,工业减少 40%~90% 的需水量,城市减少 30% 的需水量,都丝毫不会影响经济和生活质量的水平。

⬇ 在水资源匮乏时,地面就会干裂,寸草不生。

⬆ 节约用水,从我做起。

世界水日

　　水资源短缺已经是全球性的危机。1993 年 1 月 18 日，联合国大会通过决议，将每年的 3 月 22 日定为"世界水日"，用以开展广泛的宣传教育，提高公众对开发和保护水资源的认识。每届世界水日，都有一个特定的主题。

节水灌溉技术

　　节水灌溉技术是比传统的灌溉技术明显节约用水和高效用水的灌水方法、措施和制度等的总称。可分为灌水方法、输水方法、灌溉制度和田间辅助措施等四大类别。我国发展节水灌溉技术的历史几乎与我国近代灌溉的历史一样长。

⬆ 我国"国家节水标志"由水滴、人手和地球变形而成。绿色的圆形代表地球，象征节约用水是保护地球生态的重要措施；标志留白部分像一只手托起一滴水，手是拼音字母 JS 的变形，寓意节水，表示节水需要公众参与。

⬆ 喷灌基本上不产生深层渗漏和地面径流，灌水比较均匀，而且管道输水损失少，比地面灌水省水 30% ~ 50%，对于透水性强、保水能力差的沙质土地节水效果更为明显。

图书在版编目（CIP）数据

科学在你身边. 水/ 畲田主编. —长春：北方妇女儿童出版社，2008.10

ISBN 978-7-5385-3529-7

Ⅰ. 科… Ⅱ. 畲… Ⅲ. ①科学知识–普及读物②水–普及读物 Ⅳ. Z228　P33-49

中国版本图书馆 CIP 数据核字（2008）第 137222 号

出版人：李文学

策　划：李文学　刘　刚

科学在你身边

水

主　　编：畲　田

图文编排：赵小玲　张艳玲

装帧设计：付红涛

责任编辑：张道良

出版发行：北方妇女儿童出版社

（长春市人民大街 4646 号　电话:0431-85640624）

印　　刷：三河宏凯彩印包装有限公司

开　　本：787×1092　16 开

印　　张：4

字　　数：80 千

版　　次：2011 年 7 月第 3 版

印　　次：2017 年 1 月第 5 次印刷

书　　号：ISBN 978-7-5385-3529-7

定　　价：12.00 元